生殖与发育生物学专家**季维智**院士
写给小朋友的干细胞生物学绘本

千变万化的干细胞

新叶的神奇之旅Ⅲ

中国生物技术发展中心 **编著**
科学顾问 季维智

科学普及出版社
·北 京·

GABA 小元

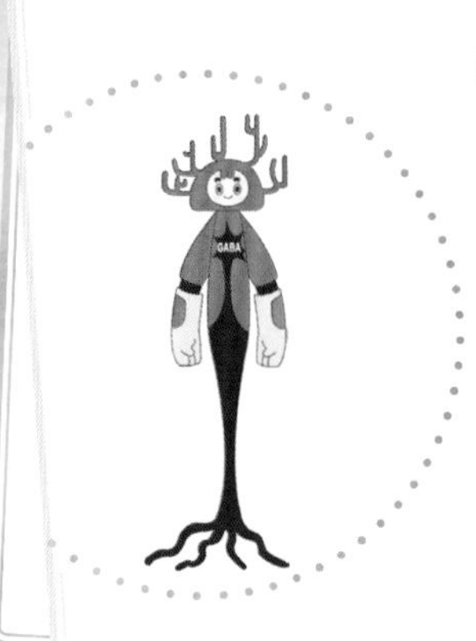

学　名：GABA 能中等多棘神经细胞

简　称：MSN

功　能：接收多巴胺递质，并做出反应，把信号向下游神经细胞传递，最终协调运动。

多巴小元

学　名：多巴胺能神经细胞

装　备：泡泡枪

功　能：与下游 MSN 细胞建立联系，通过分泌多巴胺神经递质给下游 MSN 细胞下达指令。

学　名：多巴胺
来　源：由多巴胺能神经细胞分泌
功　能：帮助多巴胺能细胞把信息传递给MSN，调控MSN的活性。

小胶质细胞

它是神经系统内常驻的免疫细胞，也是神经系统中特有的一种巨噬细胞，可清除损坏的神经细胞或碎片。

底板细胞

多能干细胞向多巴胺能神经细胞分化时，处于中间阶段的细胞。

多巴胺能神经前体细胞

它由底板细胞继续分化而成，进一步成熟后，可分化成多巴胺能神经细胞。

目录

未解之谜之帕金森病

文 / 李宇飞　王昱凯
图 / 赵　洋　朱文頔

探望季爷爷的老朋友

季爷爷带着新叶去医院看望他的老朋友王爷爷。看到王爷爷受到病痛的折磨，身形伛偻、无精打采、手部颤抖，新叶很伤心。

在看望后回家的路上，新叶终于按捺不住，问道：季爷爷，王爷爷生了什么病呀？

季爷爷：这是一种由神经细胞缺失导致的疾病，叫帕金森病。

新　叶：帕金森病？王爷爷怎么得的这种病？

季爷爷：这种疾病产生的原因很复杂。走吧，新叶，我带你去年轻小伙子的大脑司令部里看一看。

勤劳的多巴胺能神经细胞

新叶和季爷爷来到一位年轻人的大脑里面，看到一片繁忙的景象。新叶看到神奇的泡泡后，很是兴奋，连忙抓着多巴胺能神经细胞聊天。

新　　叶：多巴小元，你很能干呀！可以发射这么多的泡泡！

多巴小元：我们是多巴胺能神经细胞。这个泡泡枪是我们的神秘武器，可以发射多巴胺。多多，来了新朋友，快过来打招呼呀！

多　　多：你好，新叶！我叫多多，是多巴胺。我们是大脑中的“快递员”，可以帮助多巴胺能神经细胞传递信息。

季爷爷：多巴胺能神经细胞就像司令部中的指挥员，多巴胺则是它们发射的“泡泡”。多巴胺能神经细胞通过分泌多巴胺给其他神经细胞传达指令，协调身体运动。王爷爷大脑里的多巴胺能神经细胞和年轻人的不一样，你要不要去看看？

新　叶：当然，咱们走吧！

衰老的多巴胺能神经细胞

季爷爷和新叶进入王爷爷的大脑，发现这里的多巴胺能神经细胞都很老，甚至有好多因衰老死亡了。脑内的小胶质细胞在忙着清理衰老和受损的细胞。看到这些，新叶有些难过。

新　　叶：在王爷爷的大脑里，多巴胺能神经细胞怎么既虚弱又少？

多巴老元：哎！我们的年龄都大了，体能也下降了，有好多甚至都去世了，无法分泌足够的多巴胺。

季 爷 爷：除衰老外，遗传、环境等因素也会导致多巴胺能神经细胞的大规模死亡。

新　叶：王爷爷的多巴胺能神经细胞这么老，会不会影响大脑发挥功能呢？

季爷爷：当然会了！走，新叶，爷爷带你去看看！

无法完成的任务

新叶转身看见一些处于紧张状态的肌肉细胞，它们非常僵硬，就像站岗一样。新叶便走过去询问情况。

新　叶：壮壮，你怎么不出去干活，在这等什么呢？

壮　壮：新叶，正常情况下，我们会按照多巴胺能神经细胞的指令去工作。可是如今，它们分泌的多巴胺太少了。我们无法接收到清晰的指令，所以不知道该干什么。

季爷爷：由于多巴胺数量降低，大脑的指令无法顺利地传递到身体其他部位，所以像王爷爷这样的帕金森病患者就出现了肌肉僵硬、手部颤抖等症状。

帕金森病的治疗手段

季爷爷和新叶来到了王爷爷吃过左旋多巴制剂后的大脑里，发现这里有许多比多巴胺小一点儿的泡泡。

新　叶：季爷爷，你看！王爷爷大脑中的多巴胺增多了。

季爷爷：是的，因为王爷爷服用了左旋多巴制剂。它是合成多巴胺的重要原料，可以促进多巴胺的合成。

新　叶：可是，我感觉这里还是没有年轻人大脑中的多巴胺数量多。

季爷爷：服用这种药物只能让多巴胺能神经细胞加速工作，但无法补充它们的数量。

新　叶：那我们的干细胞能不能帮忙呀？

季爷爷：当然可以，走吧！我带你去看看科学家的秘密武器。

科普小讲堂

帕金森病的主要症状为静止性震颤、运动迟缓、肌强直和姿势步态障碍。同时，患者可伴有抑郁、便秘和睡眠障碍等非运动症状。帕金森病对患者的预期寿命无显著性影响。药物治疗是帕金森病最主要的治疗手段。手术治疗是药物治疗的一种有效补充。康复治疗、心理治疗及良好的护理也能在一定程度上改善症状。目前应用的治疗手段主要是改善症状，尚不能阻止病情的发展。

科学家的秘密武器

文/王昱凯
图/赵 洋 胡晓露

医生的良方

季爷爷带着新叶来到王爷爷的小区，跟他一起下棋。新叶看到，王爷爷正在吃四种不同的药。

新　叶：王爷爷为什么要吃这么多药？

季爷爷：因为帕金森病有多种症状，像运动迟缓、震颤、僵硬等。为了应对不同症状，科学家们开发了很多种药物。

新　叶：我知道啦，不同的药物对应不同的症状。

王爷爷：是的，很多时候每天要吃四五种药呢！

季爷爷：这是因为药物有“蜜月期”。

新　叶：“蜜月期”是什么？

药片的“蜜月期”

季爷爷带领新叶进入王爷爷的大脑，看到这里的多巴胺能神经细胞很疲惫！

新　叶：为什么这里的多巴胺能神经细胞这么辛苦，还是没有足够的多巴胺呢？

季爷爷：药物在疾病早期非常有效，称为“蜜月期”。但时间久了，人体对药物的敏感性下降，药物的疗效也逐渐减退。

新　叶：看来，吃药也不是万能的呀！

季爷爷：没错，药物只会让细胞加倍工作，令细胞们苦不堪言。不过别担心，科学家正在研究一种对付帕金森病的新武器。走，我带你去实验室看一看。

细胞培养

季爷爷带着新叶来到了充满粉红色液体的圆形大房子里，这里有很多分身舱。

新　叶：季爷爷，这是在哪儿？

季爷爷：这里是人工培养人类胚胎干细胞的地方——培养皿。借助干细胞技术，科学家可以“制造”多巴胺能神经细胞。

新　叶：所以您刚说的新武器就是人胚干细胞吧？

季爷爷：没错！这项技术可以源源不断地产生年轻的多巴胺能神经细胞，将其移植到大脑后，可以帮助帕金森患者补充多巴胺。

慢慢长大的多巴胺能神经细胞

过了一段时间，新叶和季爷爷又到了培养皿里。

季爷爷：新叶，你看！这就是多巴胺能神经细胞的制造过程。

新　叶：变身成功了，多巴胺能神经细胞越来越多。它们看起来又年轻又能干。

季爷爷：没错！变身舱由科学家操控，细胞在里面会慢慢发生变化，最后掌握合成多巴胺的本领。

新　　叶：你们这是要去哪里呀？

多巴小元：我们要去医院，帮助医生治病救人。

新　　叶：我也跟你们一起去看看。

科普小讲堂

帕金森病患者通过口服药物可以获得很好的治疗效果，但药物无法使受损的多巴胺能神经细胞再生，也无法阻止疾病的进程。一段时间以后（通常5年左右），药效便逐渐减退。人胚干细胞可以分化成多巴胺能神经细胞，有望被应用于帕金森病的治疗。

司令部里来了新面孔

文 / 李仲文　王昱凯

图 / 赵　洋　纪小红

新　叶：季爷爷，医生跟患者在讲什么呀？

季爷爷：医生正在讲解干细胞的知识，以让患者了解即将开展的细胞移植手术，确保患者有充分的知情权，并告知该手术的治疗效果和可能存在的风险。医生要得到患者的同意，才能进行移植手术。

新　叶：爷爷，患者已经签署了知情同意书，是不是可以开始手术了？

季爷爷：是的。

我们要去哪儿呀？
我们要去患者的大脑里，那里的多巴胺能神经细胞衰老了，无法正常完成任务。我们去代替它们。
出发！

多巴胺能神经细胞顺着通道（注射器）开始向目的地进发，穿过一个又一个部位，到达目的地——大脑黑质区。

新　叶：爷爷，医生是如何把多巴胺能神经细胞送到帕金森病患者的大脑里的呢？

季爷爷：你看到那个长长的注射器了吗？它里面装载的就是多巴胺能神经细胞。医生通过精确的定位，将多巴胺能神经细胞直接注射到需要它们的位置——大脑黑质区。这样它就能发挥作用了。

顺利交接工作

年轻而有活力的多巴胺能神经细胞顺利到达黑质区，取代衰老的多巴胺能神经细胞。一条条指令被多巴胺传递了出去，大脑又恢复了正常的活动。看到这些，新叶非常高兴。

新　叶：我明白了，补充缺少的神经细胞是最有效的。

季爷爷：没错！这就是干细胞药物治疗疾病的原理。它们已经被科学家预设了程序，可以生产多巴胺并发出指令。

新　叶：太好了！这下，帕金森病患者再也不会被病痛折磨了。

初见成效

帕金森病患者接受治疗后，部分症状得到了改善。

新　叶：好神奇呀！有些指标出现了明显好转。

季爷爷：不过，他们都是志愿者，目前干细胞药物还处于临床试验阶段。

新　叶：为什么要做临床试验，不能直接给其他帕金森病患者使用吗？

季爷爷：现在还不行。因为它是最新的治疗方式，医生们还要进一步评估它的治疗效果和风险。所以，需要先招募一部分帕金森病患者做志愿者，进行临床试验。

新　叶：志愿者太令人敬佩了，真是了不起。

季爷爷：经过长时间的试验，确认没有问题后，它就能成为干细胞药物，其他帕金森病患者也都可以用了。

新　叶：真希望这项技术早点儿完成临床试验，治疗更多的帕金森病患者。

科普小讲堂

干细胞药物的研发要经历复杂而漫长的过程：首先，要在实验动物上进行试验，确定干细胞药物是否有效、会带来哪些副作用；其次，药物生产单位在相关部门登记注册，申请做临床试验，被批准后，就可以招募患病的志愿者开展临床试验了，临床试验一般要经历5~10年；最后，药物生产单位就可以向国家药监等部门提出申请，被批准后，药物就可以上市了。

未来的“细胞工厂”

文 / 李仲文　王昱凯
图 / 赵　洋　胡晓露

参观“细胞工厂”

季爷爷：新叶，快看！这个就是制备干细胞的生产线。

新　叶：哇！看起来好壮观！为什么没有工人呢？

季爷爷：现在细胞生产已经实现了无人化操作。这样可以减少人工操作带来的不稳定性，既扩大了生产规模，又提高了生产效率。

新　叶：那每一部分都是怎么工作的呀？

季爷爷：走，我带你去看一看。

随着科技的不断进步，机器和自动化生产不断取代人工，用于干细胞药物的生产。目前，科学家建立了全自动的生产线，干细胞被投入“细胞工厂”，进行大规模生产。

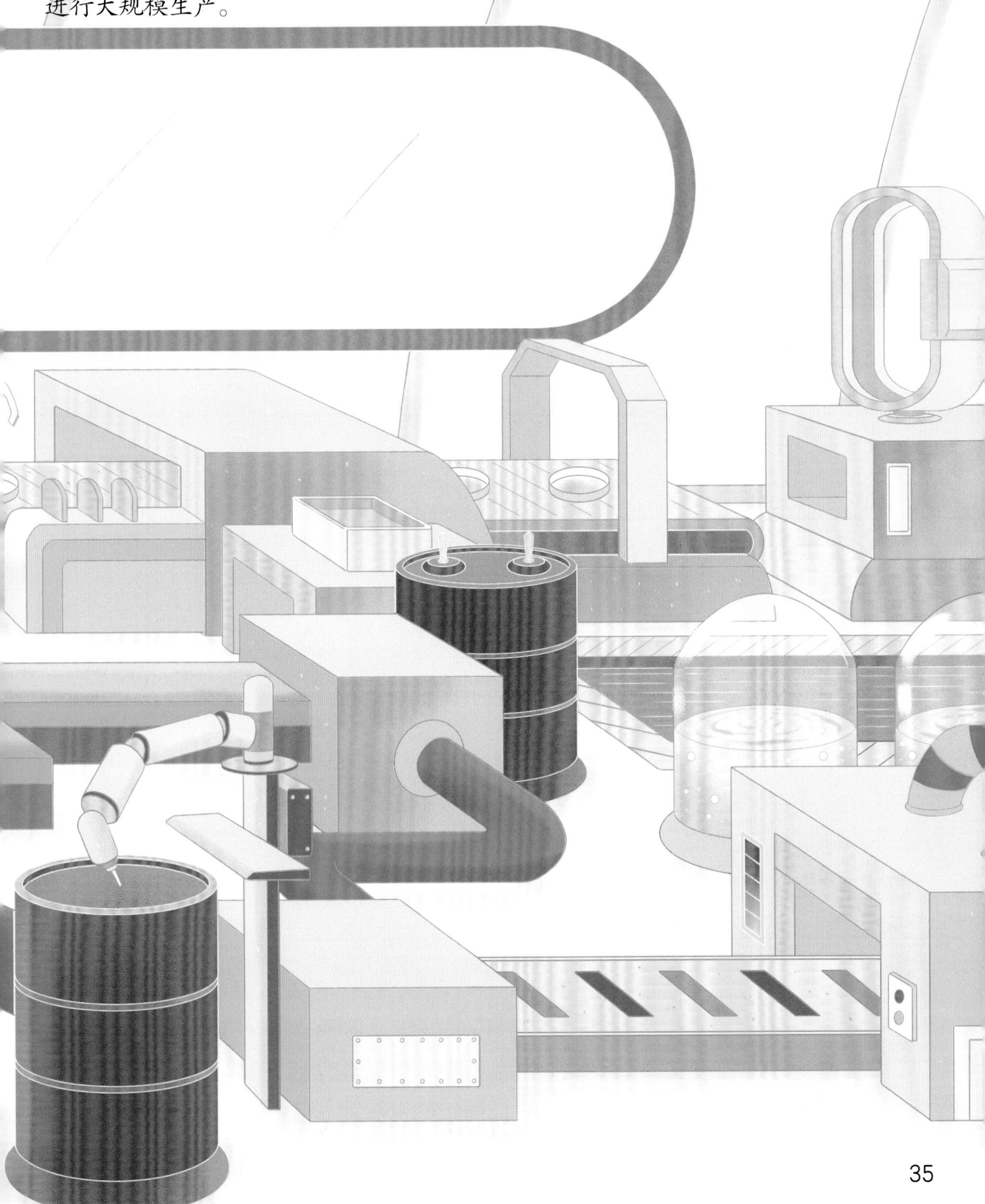

干细胞的最佳保姆

到了干细胞进餐时间，机械臂代替实验人员端来食物（培养液），并照料干细胞的起居。

季爷爷：新叶，这就是干细胞自动培养设备。

新　叶：它是怎么照料干细胞的呀？

季爷爷：科学家已经提前设定好了程序。需要扩增干细胞时，机械臂就会更换成扩增培养基；需要分化成其他细胞时，机械臂就会更换成分化培养基。

新　叶：那我们怎么知道干细胞是否健康呢？

季爷爷：有线上医生呀！

线上医生

人工智能也被应用于干细胞健康状态的诊疗。干细胞的健康状况和培养环境的信息被实时地传送给智能终端。通过人工智能自动分析干细胞的健康状况，并发出指令到各个设备，及时调整参数，给干细胞提供最好的生长条件。

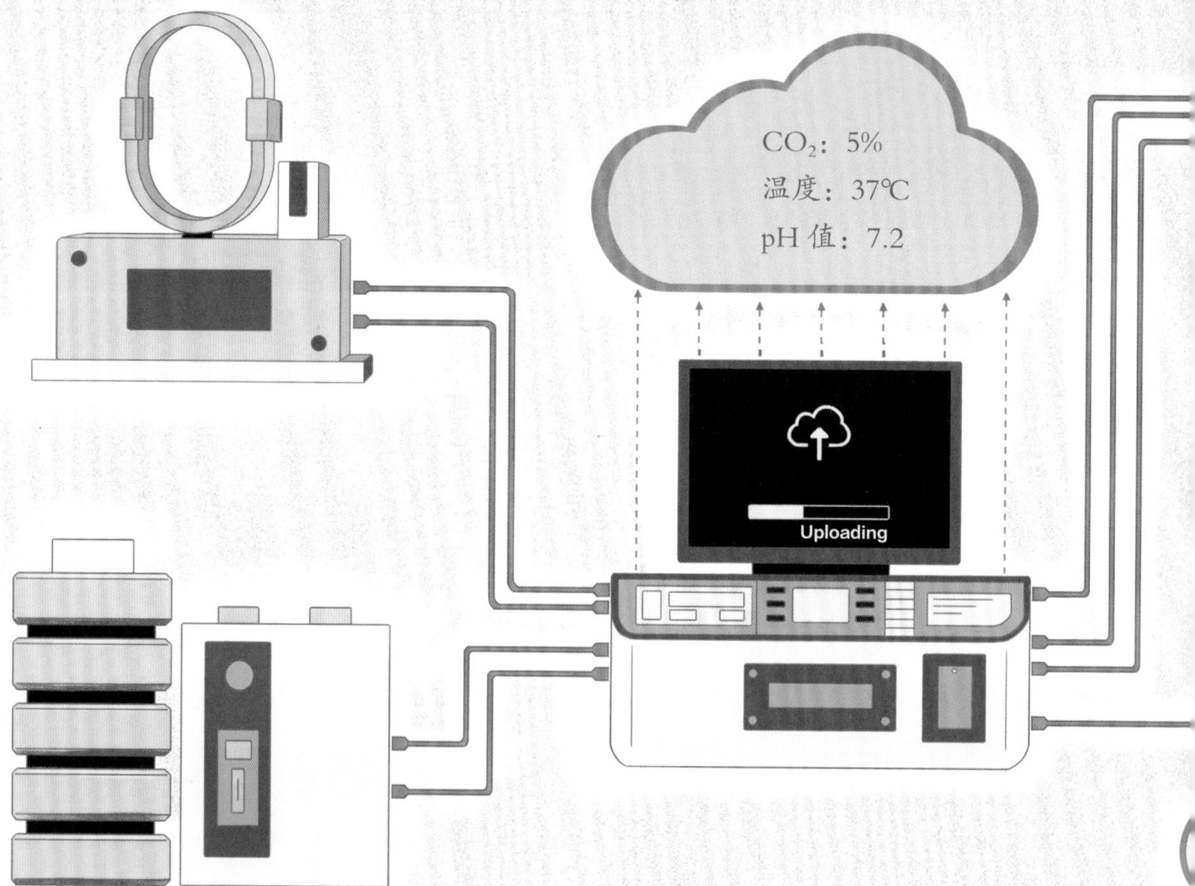

季爷爷：新叶，你看！这些设备都有一些检测装置，会把干细胞的状态汇总到终端。

新　叶：终端就是线上医生吗？

季爷爷：是的！它包括人工智能和数据分析系统，可以分析这些设备的数据，然后及时发出指令，调整这些设备的参数，保证干细胞在最佳条件下生长。

新　叶：最后这些细胞都去哪里了呀？

季爷爷：那就是最后一道工序了。

细胞休眠

自动化分装设备可以将等量的多巴胺能神经细胞分装到冻存瓶中，包装后机械臂将其移动到液氮中（冷冻环境）。

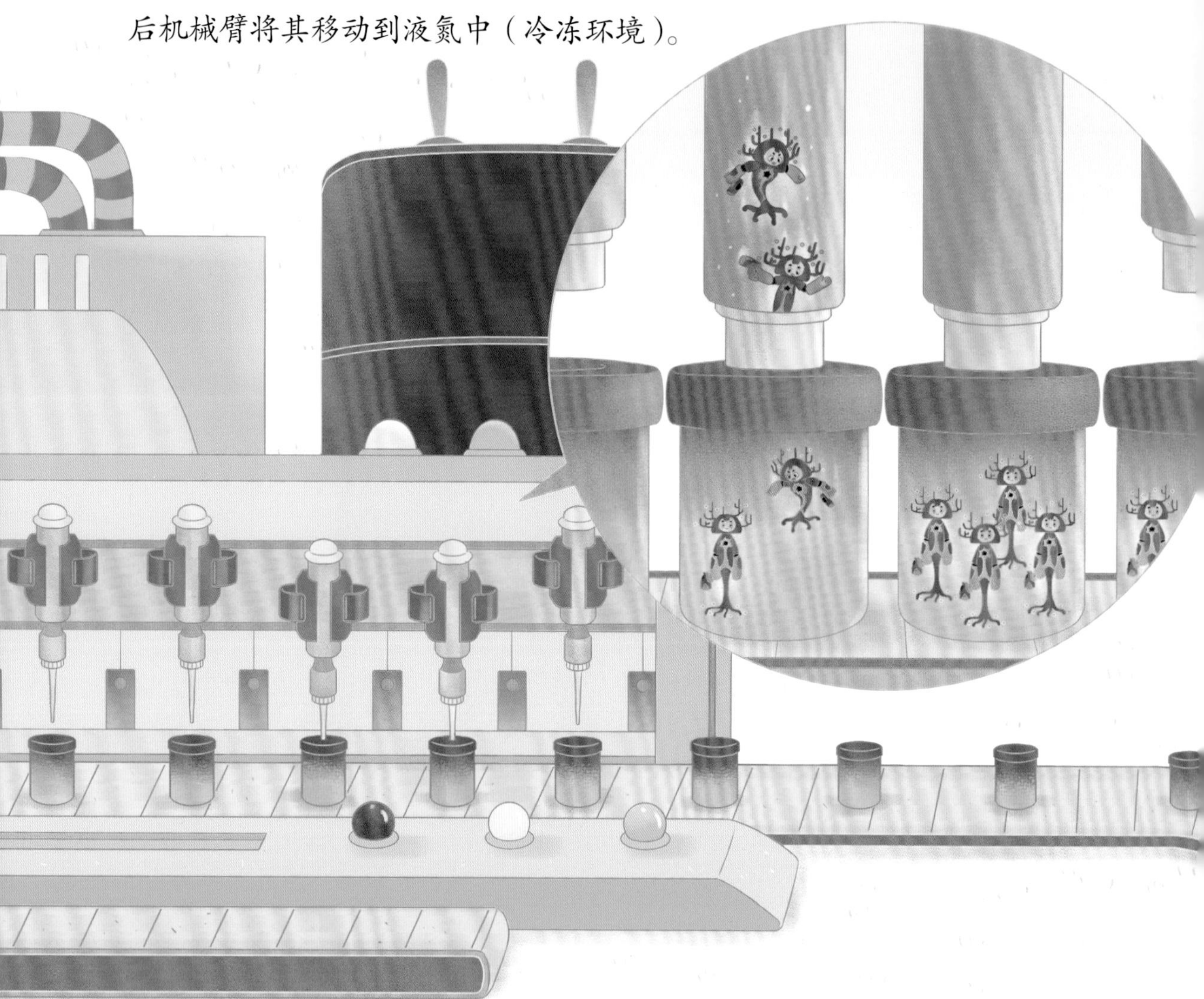

新　叶：多巴胺能神经细胞为什么要存放到液氮里？

季爷爷：因为液氮的冷冻温度可以达到 −196℃，能让它们进入休眠状态。

新　叶：它们为什么要休眠呀？

季爷爷：因为休眠可以让它们长期处于年轻的状态，将来被唤醒后，还可以继续保持活力。

新　叶：干细胞药物的生产好智能化呀！希望它们生产又好又多的干细胞，治疗更多的患者。

新叶词典
细胞休眠
细胞休眠即细胞冻存，是指将细胞置于低温环境中，使细胞代谢减少，以便于长期储存。
-196℃

科普小讲堂

细胞冻存是保存细胞的主要方法。细胞的冻存需要在超低温条件下进行，一般使用液氮，同时需要加入冷冻保护剂，以防温度骤降导致细胞内形成冰晶，从而减少由冰晶形成而造成的细胞损伤。该技术可以使细胞稳定保存若干年，在使用前进行细胞复苏就可以把细胞唤醒。